David Brückner

# Chaotische Dynamik in eindimensionalen Abbildungen

GRIN Verlag

**Bibliografische Information der Deutschen Nationalbibliothek:**

Die Deutsche Bibliothek verzeichnet diese Publikation in der Deutschen National-bibliografie; detaillierte bibliografische Daten sind im Internet über http://dnb.d-nb.de/ abrufbar.

**Impressum:**

Copyright © 2013 GRIN Verlag GmbH
Druck und Bindung: Books on Demand GmbH, Norderstedt Germany
ISBN: 978-3-656-62689-3

**Dieses Buch bei GRIN:**

http://www.grin.com/de/e-book/270957/chaotische-dynamik-in-eindimensionalen-abbildungen

# Chaotische Dynamik
# in eindimensionalen Abbildungen

David Brückner

September 2013

## 1 Einleitung

Die hier thematisierten mathematischen Modelle sind iterative Abbildungen $f : V \mapsto V$ von der Form

$$x_{n+1} = f(x_n). \tag{1}$$

Lineare Abbildungen wie $x_{n+1} = ax_n + b$ können eindeutig invertiert werden und zeigen daher kein kompliziertes Verhalten. Doch schon einfache nichtlineare Abbildungen, wie die logistische Abbildung $x_{n+1} = rx_n(1 - x_n)$, weisen ein vielfältiges dynamisches Verhalten auf, das von der Größe des Parameters $r$ abhängt. Dieses reicht von Fixpunkten, über eine Hierarchie von Bifurkationen in Form von Periodenverdopplung bis hin zu chaotischem, d.h. ganz und gar unverhersagbarem Verhalten, und das obwohl die Gleichung selbst komplett deterministisch ist.

Differenzgleichungen dieser Art können in der Ökologie zur Modellierung von Populationen genutzt werden. Wichtig dabei ist, dass die Generationen sich nicht überschneiden und die Tiere sich saisonbedingt fortpflanzen, da das Modell in diskreten Zeiteinheiten rechnet. Ein Beispiel ist die Gleichung $X_{n+1} = bX_n - cX_n{}^2$, wobei $X_n$ die Population nach $n$ Jahren, $b$ die Geburtenrate, und $cX_n$ die populationsabhängige Sterberate ist [1]. Eine Vereinfachung hiervon ist die logistische Abbildung

$$x_{n+1} = rx_n(1 - x_n). \tag{2}$$

Eine erste umfangreiche mathematische Analyse dieser Gleichung unternahm der Biologe ROBERT MAY, die in seinem Aufsatz *Simple mathematical models with very complicated dynamics* von 1976 zusammengefasst ist.

## 2 Die logistische Abbildung

Wir untersuchen die quadratische Gleichung (2) als iterative Abbildung, was bedeutet, dass wir eine Initialpopulation $x_0$ wählen und den Parameter $r$ fixieren, um dann durch

1

$n$ Iterationen die Population $x_n$ nach $n$ Zeiteinheiten zu finden. Für die folgenden Betrachtungen wird die Abbildung auf die Bereiche $0 < x < 1$ und $0 \le r \le 4$ beschränkt, sodass $x$ nicht nach $-\infty$ tendiert und [0,1] auf sich selbst abgebildet wird.

Um das Verhalten der Iteration zu verstehen, ist es sinnvoll nach konstanten Equilibriumswerten zu suchen, welche allgemein mit der Gleichung

$$x^* = f(x^*) \tag{3}$$

gefunden werden können. Im Fall der logistischen Abbildung ergibt dies die folgenden Lösungen:

$$x^* = rx^*(1 - x^*)$$

$$rx^{*2} + (1 - r)x^* = 0 \Rightarrow x^* = 0, 1 - 1/r.$$

Die triviale Lösung $x^* = 0$ ist gültig für alle $r$, während die andere nur für $r \ge 1$ gilt.

Um festzustellen, wann diese Werte stabile Fixpunkte sind, was bedeutet, dass die Sequenz $x_1, x_2, x_3, \ldots$ (der sog. Orbit) immer bei $x^*$ bleibt, untersuchen wir das Verhalten der Entfernung $\eta_n = x_n - x^*$. Fällt die Entfernung mit fortschreitenden Iterationen, so ist der Punkt stabil, wenn sie wächst, dann ist er instabil. Es muss also $\eta_n$ mit $\eta_{n+1}$ verglichen werden:

$$\eta_{n+1} = x_{n+1} - x^* = f(x^* + \eta_n) - x^*,$$

denn $x_{n+1} = f(x_n) = f(x^* + \eta_n)$. Auf diesen Ausdruck können wir eine Taylorexpansion anwenden:

$$f(x^* + \eta_n) - x^* = f(x^*) + f'(x^*)\eta_n + \ldots - x^* = f'(x^*)\eta_n + \ldots$$

Als Anäherung gibt dies $\eta_{n+1} \approx f'(x^*)\eta_n$. Der Punkt ist stabil, wenn $|\eta_{n+1}| < |\eta_n|$, das heißt die *Bedingung für die Stabilität eines Fixpunktes* ist

$$|f'(x^*)| < 1. \tag{4}$$

Für die logistische Abbildung ergibt dieses Kriterium die Ungleichung $|r(1-2x^*)| < 1$. Das heißt

$$x^* = 0 \text{ stabil } \forall \, r < 1$$

$$x^* = 1 - 1/r \text{ stabil } \forall \, r \in (1, 3).$$

Für $r < 1$ ist der einzige Fixpunkt der Ursprung, oder anders gesagt der Wachstumsparameter ist so niedrig, dass die Population ausstirbt. Bei $r = 1$ gibt es eine transkritische Bifurkation. Das ist eine lokale Bifurkation, bei der einer der Fixpunkte für alle Werte des Parameters existiert ($x^* = 0$), dieser jedoch die Stabilität verliert und ein anderer stabil wird. Bei $r = 3$ ist jedoch der kritische Wert $f'(x) = -1$ erreicht, sodass die Lösung $x* = 1 - 1/r$ auch instabil wird. Nun findet eine weitere Bifurkation in Form einer Periodenverdopplung statt:

$$\exists p, q : f(p) = q \wedge f(q) = p \Leftrightarrow p = f^2(p).$$

Indem man die Funktion (2) zweimal auf $p$ anwendet, und die vorher bekannten Lösungen 0 und $1 - 1/r$ herausdividiert, kann man die zusätzlichen Lösungen

$$p, q = \frac{r + 1 \pm \sqrt{(r - 3)(r + 1)}}{2r}$$

finden. Diese Folge ist stabil, wenn $p$ und $q$ stabile Fixpunkte sind. Da die Ableitung von $f^2(x)$ bei $x = p$ gleich $f'(q)f'(p)$ ist, erhalten wir die Bedingung $|4 + 2r - r^2| < 1$. Die Zweierfolge ist daher stabil für $3 < r < 1 + \sqrt{6} = 3.449...$ Danach gibt es eine weitere Periodenverdopplung in eine Viererfolge, und von da aus in Folgen mit Periode $8, 16, 32, ...$ Dieser Prozess ist konvergent, da die Distanz zwischen aufeinander folgenden Übergängen um einen konstanten Faktor schrumpfen (Feigenbaum Konstante), und er ist nach oben beschränkt durch den kritischen Wert $r_\infty = 3.569946...$[2] Hier muss betont werden, dass die meisten Funktionen mit einem Maximum verstellbarer Steilheit dieses Bifurkationsphänomen aufweisen [1]. Die logistische Abbildung dient hier lediglich als Illustration.

## 3 Chaos

Jenseits des Häufungspunktes $r_\infty$ gibt es eine unendliche Zahl an Fixpunkten mit verschiedenen Periodenzahlen und unendlich viele verschiedene periodische Folgen. Darüber hinaus gibt es unzählbar viele Initialpunkte $x_0$, die komplett aperiodische Trajektorien geben: Egal wie oft sie iteriert wird, die Folge wiederholt sich nie. Diese Situation wird chaotisch genannt. Dies muss jedoch ganz klar von einem stochastischen Prozess unterschieden werden: Das System ist vollkommen mathematisch beschrieben, es gibt keine Rauscheffekte (Störsignale) und keinerlei probabilistische Parameter. Das irreguläre Verhalten kommt allein von der Nichtlinearität des Systems, nicht von verrauschten Triebkräften.

Eine qualitative Definition von Chaos ist die von STROGATZ: *"Chaos is aperiodic longterm behaviour in a deterministic system that exhibits sensitive dependence on initial conditions."* [2] Um nachzuweisen, das die logistische Abbildung tatsächlich chaotisches Verhalten aufweist, müssen wir also noch die sensitive Abhängigkeit von den Anfangsbedingungen nachweisen.

Hierfür gibt es ein mathematisches Werkzeug names *Lyapunov-Exponent*. Betrachten wir einen Punkt $x_0 + \delta_0$ nahe dem Anfangspunkt $x_0$, d.h. $\delta_0$ ist extrem klein. $\delta_n$ nennen wir die Entfernung nach $n$ Iterationen. Wenn $|\delta_n| = |\delta_0|e^{n\lambda}$, dann ist $\lambda$ der Lyapunov-Exponent. Ein positiver Exponent ist ein Zeichen von Chaos. Im Folgenden wird eine rechnerisch sinnvollere Formel für $\lambda$ hergeleitet. In dem wir logarithmieren und bemerken, dass $\delta_n = f^n(x_0 + \delta_0) - f^n(x_0)$, erhalten wir

$$\lambda \approx \frac{1}{n} \ln \left| \frac{\delta_n}{\delta_0} \right| = \frac{1}{n} \ln \left| \frac{f^n(x_0 + \delta_0) - f^n(x_0)}{\delta_0} \right| = \frac{1}{n} \ln \left| (f^n)'(x_0) \right|,$$

wobei im letzten Schritt der Grenzwert $\delta_0 \to 0$ genommen wurde. Der Term im Logarithmus kann mit der Kettenregel erweitert werden:

$$\lambda \approx \frac{1}{n} \ln \left| \prod_{i=0}^{n-1} f'(x_i) \right| = \frac{1}{n} \sum_{i=0}^{n-1} \ln \left| f'(x_i) \right|.$$

Wenn dieser Ausdruck im Grenzwert $n \to \infty$ gilt, dann definieren wir den eindimensionalen Lyapunov-Exponenten für den Orbit, der bei $x_0$ beginnt als

$$\lambda = \lim_{n \to \infty} \left\{ \frac{1}{n} \sum_{i=0}^{n-1} \ln \left| f'(x_i) \right| \right\}. \tag{5}$$

In einem $n$-dimensionalen System gibt es ein Spektrum von $n$ Lyapunov-Exponenten. Der Exponent ist abhängig von $x_0$, allerdings ist er gleich für alle $x_0$, die von dem gleichen Attraktor angezogen werden. So ist bei der logistischen Abbildung der Lyapunov-Exponent gleich für ein gegebenes $r$. Mit numerischen Methoden kann man den Lyapunov-Exponenten für die Abbildung berechnen. Im aperiodischen Bereich ist er positiv, womit das chaotische Verhalten belegt ist.

Zum Abschluss soll noch eine mathematische Definition eines chaotischen Systems gegeben werden:

**Definition** Ein dynamisches System $(T, X, f)$ heißt chaotisch, wenn eine $f$-invariante Menge (für jedes $t \in T$ und jedes $y \in Y$ ist $f(t, y) \in Y$) $Y \subseteq X$ existiert, für die gilt [3]:

1. $f$ besitzt sensitive Abhängigkeit von den Anfangsbedingungen auf $Y$.

2. $f$ ist topologisch transitiv auf $Y$, das heißt zu allen offenen Mengen $U, V \subseteq X$ mit $U \cap Y \neq \emptyset \neq V \cap Y$ existiert ein $t > 0$ und ein $n \in \mathbb{N}$, sodass $f^n(t, U) \cap V \neq \emptyset$.

3. Die Menge der Periodenpunkte von $f$ liegt dicht in $Y$ (jeden Periodenpunkt kann man beliebig genau durch einen Punkt aus $Y$ approximieren).

# Literatur

[1] May, R. M., *Simple Mathematical Models with Very Complicated Dynamics*, Nature 261, 459-467, 1976.

[2] Strogatz, S. H., *Nonlinear Dynamics and Chaos*, Perseus Book Publishing, 1994.

[3] Hasselblatt, B.; Katok A., *A First Course in Dynamics: With a Panorama of Recent Developments*, Cambridge University Press, 2003.